诗意的地球科普绘本

DIQIU BAZHU KONGLONG

地球霸主
恐龙

U0246027

英国尤斯伯恩出版公司 编著

谢 沐 译

接力出版社
Publishing House

目 录

让我们翻开这本书，探索恐龙的世界吧！

你好，恐龙！

几亿年前，人类还没有诞生，世界属于那些我们从未见过的生物，其中就有恐龙。恐龙存在了1亿多年，比人类现有的历史长多了。

起初，地球上没有任何生物。没有植物，也没有动物，只有岩石。

这是一段从无到有的过程。经历了几百年，甚至几千年的时间，万物才开始生长。

嘭！

哗啦！

提塔利克鱼

水母

哗啦！

异齿龙

不属于恐龙的动物，名称这样表示。

大约2亿年前，第一种恐龙诞生了。

你好，人类！

那时有植物，比如蕨类植物，但没有花。

腔骨龙

恐龙的名称这样表示。

恐龙在早期，体形跟一只大狗或一头牛差不多。后来，恐龙慢慢进化，体形的差异也越来越大。

嗷嗷嗷！

有的恐龙有羽毛，有的有很多毛，还有的满身鳞片。

有的头很大，有的尾巴很大，还有的长着锯齿形的牙齿和尖利的爪子。

有的个头儿很小，但有的比地球上其他任何四肢动物都要大。

南十字龙

欢迎来到恐龙世界。

里澳哈龙

这些温和的巨型动物居住在一起，相安无事。因为食物充足，大家都有份。

梁龙

嗜鸟龙

温和的巨型动物

大多数恐龙身形巨大，移动缓慢。这类恐龙只吃植物，但仍然长得有一辆公交车或一栋房子那么大。它们拖着沉重的步伐，群居生活。

弯龙

嗜鸟龙体形较小，是肉食性恐龙。

弯龙，当心啦！嗜鸟龙想要吃掉你！

吸溜！

前肢粗短，这样更易于弓下身子，接近要吃的食物。

强有力的后肢用来奔跑。

恐龙大战

有些恐龙不吃植物，也不群居生活。它们让其他恐龙闻风丧胆——它们是肉食性恐龙。

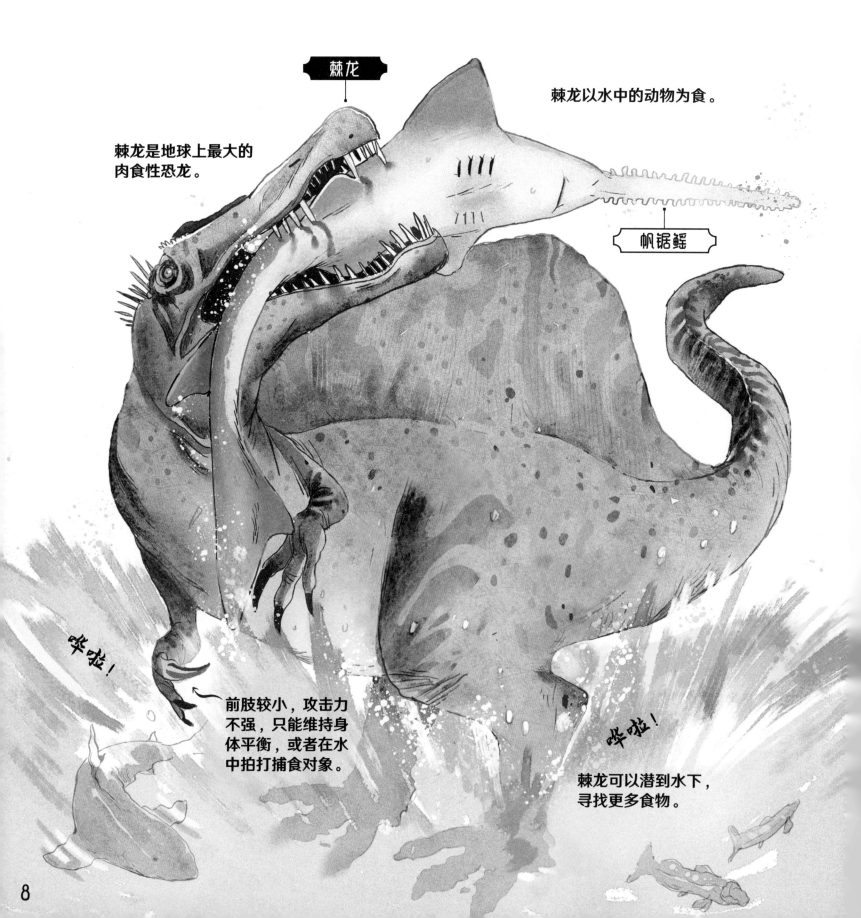

棘龙

棘龙是地球上最大的肉食性恐龙。

棘龙以水中的动物为食。

帆锯鳐

哗啦！

前肢较小，攻击力不强，只能维持身体平衡，或者在水中拍打捕食对象。

哗啦！

棘龙可以潜到水下，寻找更多食物。

霸王龙是恐龙之王。它不是体形最大的恐龙，却是最凶残的。其他恐龙避之唯恐不及。

霸王龙

埃德蒙顿龙

啊，啊啊啊！

为什么这样说？因为霸王龙什么都吃。有时候，它们甚至会攻击其他霸王龙。

这种小型恐龙绰号"地狱鸡"，它们长得像鸡，但十分凶残。

嗷呜！

安祖维利龙

哎哟，安祖维利龙要被吞掉了？

小盗龙

小型恐龙

很多恐龙个头儿并不大，有的甚至和鸽子差不多大。它们身披绚丽的羽毛，和凶猛完全不沾边。

小盗龙用尾巴在空中控制飞行方向。

呦呼！

大大的翅膀助它御风滑翔。

小盗龙的羽毛有时看着像黑色……

有时又闪耀着蓝色、绿色、紫色的光泽。

嗖!

那是蝴蝶吗?

不是,它只是长得像蝴蝶。

脉翅目昆虫生活在1亿多年前。

扑棱!

脉翅目昆虫

脉翅目昆虫拍打翅膀,上下飞舞,四处盘旋。

阿根廷龙

强强相争

阿根廷龙算得上是史上最大的恐龙。巨兽龙已经很大了，但在阿根廷龙面前，还是小巫见大巫。现在，巨兽龙正垂涎着阿根廷龙这个美味呢。

巨兽龙

嗷！

阿根廷龙的牙齿是用来咀嚼植物的，不擅长撕咬。

嘿！大个儿！

巨兽龙有锋利的牙齿和爪子，可以用来攻击。而且，它们喜欢群体出动。

阿根廷龙从鼻子到尾巴的全长，相当于三辆公交车首尾相接的长度。

阿根廷龙用巨大的尾巴和强壮的四肢回击。

呼呼！

嗷！

嗷！

看招吧！

巨兽龙能打败史上最大的恐龙吗？它们正在拼尽全力……

巨兽龙站在阿根廷龙旁边时，好像不是很大。翻到第30—31页，它们实际的体形可能会吓你一跳！

伪装术

有些恐龙非常善于伪装。这样，它们既能躲避天敌，又能出其不意地捕食。

中国鸟龙身上有老虎一样的斑纹。这样，它就可以藏匿在树影间了。

中国鸟龙并不会挑专门的时间来睡觉，只在疲倦的时候小憩一会儿。

中国鸟龙

这些昆虫可以让它们美美地饱餐一顿！

中国鸟龙潜伏在昆虫看不到的地方，然后突然出击。

你能在这幅图中找到多少只中国鸟龙？

鲜艳夺目

有些恐龙擅长隐藏，有些则偏要引人注目。它们用绚丽的羽毛吓退敌人，也可以在同类面前炫耀一番。

振元龙看起来像一只大鸟，但不会飞。

振元龙

振元龙的羽毛既好看，又保暖。

雄性振元龙用鲜艳的羽毛告诉其他雄性：

走开，这是我的地盘！

雄性振元龙用鲜艳的羽毛告诉雌性：

嘿，快来吧！

胡氏耀龙展开扇形的尾羽，向雌性炫耀自己。

尾巴还可以帮助它们在树枝上保持平衡。

胡氏耀龙

嘿，你好呀！

胡氏耀龙的体形很小，只有松鼠那么大。为了躲避大型恐龙在陆地上的捕食，它们基本都待在树上。

恐龙宝宝

恐龙宝宝是从哪里来的呢？原来，这些小生命是从一个个小小的恐龙蛋开始的。

慈母龙

雌性慈母龙一次可以下30到40个蛋。每个恐龙蛋的大小和一个大橘子差不多。

慈母龙将蛋整齐地放在巢里，再放上些树叶，为它们保暖。

每个蛋里都生长着一只恐龙宝宝。

我什么时候破壳呢？

咔吧！

几个月过去了，蛋壳开始破裂……

恐龙宝宝太小了，世界又这么大。要想生存下去，可不容易。好在慈母龙是群居生活，大家可以互相照应。

成年的慈母龙会照看宝宝们，给它们喂点树叶，保护它们的安全。

吱吱！

吱吱！

恐龙宝宝从蛋里孵出来了。

咔吧！

沙漠里的恐龙

8000万年前的沙漠，跟今天没什么两样。只不过，那时的沙漠里是有恐龙的。

沙漠不像别的地方，有各种植物可以用来充饥。沙漠里只有沙子。白天，在太阳的照射下，沙子热得发烫。

有些恐龙选择白天睡觉，因为天太热了，它们根本不想动弹。

原角龙

呼呼！

另一些恐龙不怕热，但它们的移动速度特别慢。

绘龙

下午是原角龙的睡觉时间。日落之后它才起来觅食。

嘎吱！

咚！

咚！ 咚！

太阳落山后，沙漠里气温降低。白天熟睡的恐龙，在傍晚醒了过来，开始四处觅食。对它们来说，这是捕食的绝佳时刻。

伶盗龙和单爪龙的眼睛都很大。

单爪龙

眼睛大，黑暗里看得就更清楚。

原角龙

伶盗龙

当心原角龙！

嗷呜！

伶盗龙的视力比原角龙好，移动速度也更快。

嗯？

21

翼龙天上飞

翼龙虽然名字里有个"龙"字，但并不属于恐龙。恐龙是不会飞的。

各就各位！

预备！

飞！

脊颌翼龙

脊颌翼龙身上的绒毛是一种丝状纤维，有保暖的作用。

水中有大量鱼类，可以供翼龙食用。

古神翼龙

妖精翼龙

妖精翼龙的骨骼轻盈，中间是空的，里面充满空气，可以帮助它们在天空中停留。

妖精翼龙的头冠是一块大骨板。这块骨板有什么作用呢？

是为了散热，保持凉爽吗？

是为了在空中控制飞行方向吗？

是为了炫耀吗？

目前还没有人知道答案。

掠海翼龙

小恐龙真好吃！

鳄鱼警报拉响！

吧嗒！

神河龙

翼龙

鹦鹉螺

角鳞鲨

海洋霸主

恐龙不属于恐龙，海里的古生物不属于恐龙，但它们的体形也很庞大，非常吓人。

如今的鲨鱼已经够大够吓人了，但跟神河龙比起来，简直就像是毛茸茸的小猫遇上了老虎。

杆菊石

翼柱头鱼

强壮的下颌能
够碾碎蛤蜊。

咯吱！

古巨龟

这是史上最大
的海龟吗？

是的，它有
一辆汽车那
么大！

腔棘鱼

腔棘鱼几百万年前就生活在
海底，今天依然存在。

海王龙

海王龙是巨大的肉
食性恐龙，习惯伏
击猎物。

呃！

长喙龙

再见，恐龙！

恐龙在地球上生活了1.5亿年，然后销声匿迹。这中间，究竟发生了什么？

是许多火山同时爆发，喷出的火山灰和熔岩，遍布整个星球？

嘭！

哭哭！

隆隆！

啊啊啊啊啊啊啊！

哇哇哇哇哇！

是天气太过炎热？　　还是太过寒冷？

冷——

呼！呼！呼！

这些都有可能。
也有可能，一天，从太空落下了一块巨大的陨石，
有一座城市那么大。

大地震动，
四分五裂。

灰尘漫入天际。

轰隆隆！

嘣！

整个地球漆黑一片，
再也感觉不到温暖。
植物都死了。

翼龙灭绝了。连海
里的动物也受到了
波及。

恐龙也灭绝了，但它们存在过
的痕迹并没有消失……

27

恐龙化石

人类也出现了。但恐龙依然留下了许多印记。

这些东西叫作化石。它们是恐龙时代的植物或动物的遗迹。

巨大的恐龙脚印

这是鹦鹉螺的化石。恐龙时期，鹦鹉螺生活在海洋里。

巨大的骨骼化石

一件完整的恐龙巢穴化石，恐龙蛋里面还有恐龙宝宝。

随着越来越多的恐龙化石被发现，我们也越来越了解恐龙的形态和生活方式。

这是被封闭在琥珀里的尾羽。琥珀是树上的液滴经过硬化而形成的。直到近些年，人们才知道，恐龙也可以有羽毛。

这颗牙齿变成了化石，是闪着亮光的石头，也叫猫眼石。

伶盗龙骨骼化石

这看上去像块岩石，但其实是一个恐龙大脑的石印。

你知道鸟类是恐龙的后代吗？

从这个意义上说，有些恐龙今天依然活着……

你是谁？长得和我还有点像……

你好！

霸王龙

嗷呜!

妖精翼龙

嗖!

剑龙

阿根廷龙

嗯!

大和小

恐龙有大有小，在这一页比较一下吧。看看小盗龙有多小，阿根廷龙又有多大。

雷龙

里澳哈龙

小盗龙

安祖维利龙

人类

呃!

腔骨龙

中国鸟龙

振元龙

原角龙

巨兽龙

咬咬!

呼呼!

胡氏耀龙

慈母龙

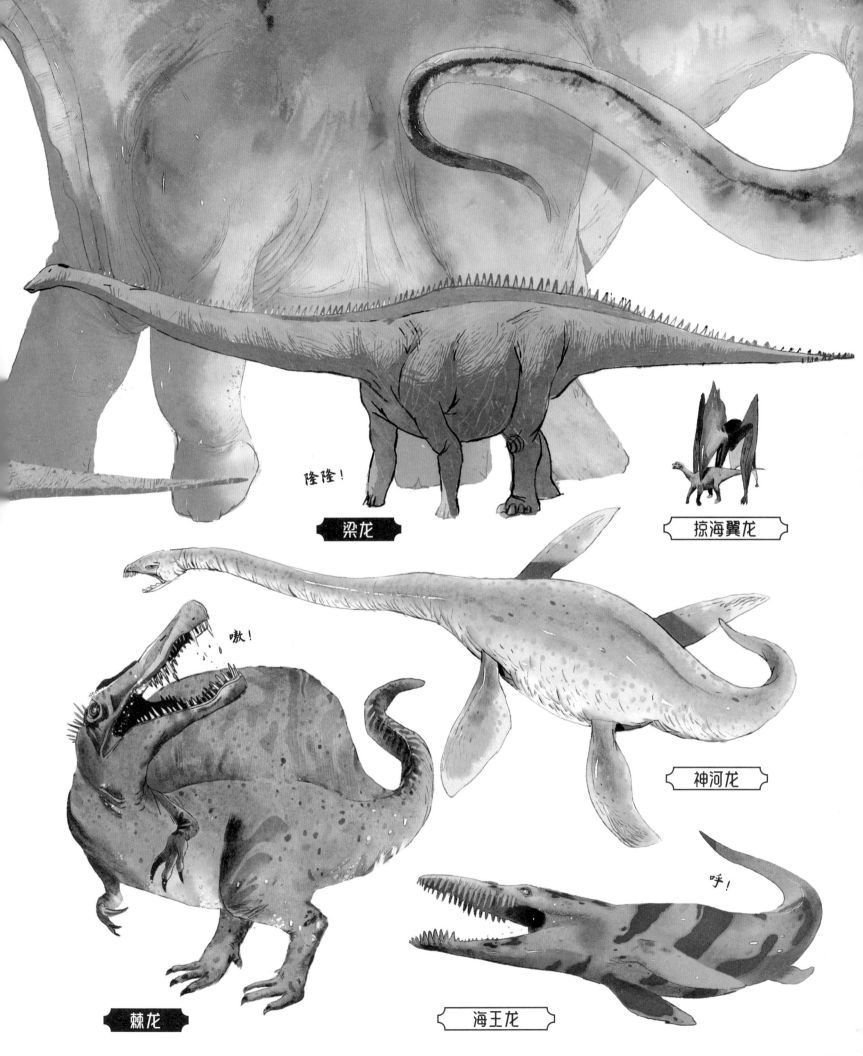

隆隆！

梁龙

掠海翼龙

嗷！

棘龙

神河龙

呼！

海王龙

特别感谢：

感谢劳拉·考恩在本书文字方面的贡献，

詹卢卡·弗利在本书图画方面的贡献，

佐伊·赖在本书设计方面的帮助，

英国南安普顿大学达伦·纳什博士对本书知识进行的审定。

桂图登字：20-2019-031

Big picture book Dinosaurs

Copyright ©2020 Usborne Publishing Ltd.

First published in 2017 by Usborne Publishing Ltd. England.

图书在版编目（CIP）数据

地球霸主恐龙 / 英国尤斯伯恩出版公司编著；谢沐译. —南宁：接力出版社，2020.5
（诗意的地球科普绘本）
ISBN 978-7-5448-6455-8

Ⅰ.①地…　Ⅱ.①英…　②谢…　Ⅲ.①地球科学－儿童读物　Ⅳ.①P-49

中国版本图书馆CIP数据核字（2020）第044871号

责任编辑：李明淑　　文字编辑：杨 雪　　美术编辑：杜 宇
责任校对：高 雅　　责任监印：陈嘉智　　版权联络：闫安琪
社长：黄 俭　　总编辑：白 冰
出版发行：接力出版社　　社址：广西南宁市园湖南路9号　　邮编：530022
电话：010-65546561（发行部）　　传真：010-65545210（发行部）
http://www.jielibj.com　　E-mail：jieli@jielibook.com
经销：新华书店　　印制：北京尚唐印刷包装有限公司
开本：710毫米×1000毫米 1/8　　印张：4　　字数：50千字
版次：2020年5月第1版　　印次：2020年5月第1次印刷
定价：25.00元

本书中的所有图片均由原出版公司提供